Grafische Gestaltung: Dorothea Löcker, Wien
Druck und Verarbeitung:
Druckerei Theiss GmbH, St. Stefan
ISBN 978-3-85452-893-7

Gergely Kiss

Der kleine Hase und die Planeten

Picus Verlag Wien

Traurig saß der kleine Hase auf seinem Lieblingsstein. Weit und breit war niemand, der mit ihm spielen wollte.

Da stand plötzlich ein Fremder vor ihm.
Der kleine Hase erschrak so sehr,
dass er von seinem Stein auf die Wiese plumpste.

Der Fremde hieß Maxim.
Maxim sah ein wenig seltsam aus
mit seiner Bademütze.
Aber der kleine Hase war froh.
Endlich hatte er jemanden
gefunden, mit dem er reden konnte.

Stolz zeigte Maxim dem kleinen Hasen sein Raumschiff, mit dem er ganz allein vom Mars zur Erde geflogen war.

Der kleine Hase war begeistert von Maxims Raumschiff.
Und weil er daheim keine Freunde hatte,
bat er Maxim, ihn mitzunehmen
und ihm die anderen Planeten zu zeigen.

Zuerst landeten sie auf dem Mars, Maxims Heimat.
Der kleine Hase baute aus dem roten Sand eine Burg.
Doch das wurde ihm bald langweilig, und so flogen
sie weiter.

Dann erreichten sie den Jupiter. Der war riesig.
Der kleine Hase dachte sich, dass es leichter wäre,
den Jupiter mit einem Fernglas zu erforschen.
Er schaute bis zum Horizont.
Aber da alles so groß und unübersichtlich war,
gefiel es ihm dort nicht.

Der Saturn war für den kleinen Hasen wie ein Erlebnispark. Immer wieder rutschte er über den langen Ring, bis ihm der Po wehtat.

Den Uranus fand der kleine Hase
so unheimlich, dass er richtig
Angst bekam.

Auf dem Neptun war es so bitterkalt,
dass dem kleinen Hasen die Zähne klapperten
und die Ohren und Arme und Beine schlotterten.

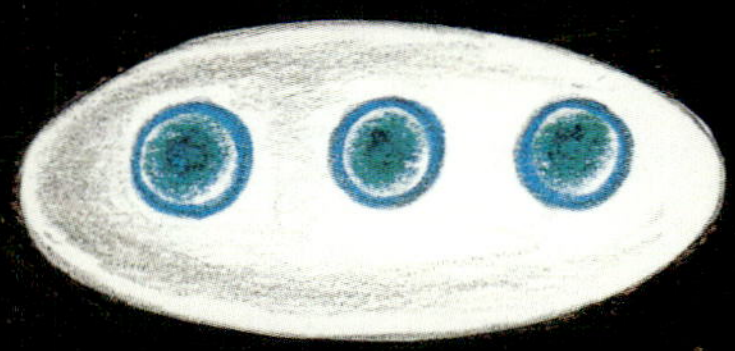

Schließlich kamen sie zum Pluto, der war sehr, sehr traurig. Die anderen wollten nicht mehr mit ihm spielen, weil er zu klein war und zu weit von ihnen entfernt.

Sie meinten sogar, er sei gar kein echter Planet. Dem kleinen Hasen tat der Pluto richtig leid.

Da nahm er den Pluto einfach mit zu sich nach Hause. Nun sind Pluto und der kleine Hase die allerbesten Freunde und nie mehr allein.